MÉMOIRE

SUR LA

FOURNITURE DES EAUX

Nécessaires à la Ville de Lyon,

PAR LA DÉRIVATION

DES SOURCES DU MONT-D'OR

COMBINÉE AVEC L'ACTION D'UN MOTEUR HYDRAULIQUE.

LYON,
IMPRIMERIE D'ISIDORE DELEUZE,
RUE ST-DOMINIQUE, 13.

1841.

MÉMOIRE

SUR LA

FOURNITURE DES EAUX

Nécessaires à la Ville de Lyon,

PAR LA DÉRIVATION

DES SOURCES DU MONT-D'OR

COMBINÉE AVEC L'ACTION D'UN MOTEUR HYDRAULIQUE.

LYON,
IMPRIMERIE D'ISIDORE DELEUZE,
RUE ST-DOMINIQUE, 13.

1841.

MÉMOIRE

SUR LA

FOURNITURE DES EAUX

NÉCESSAIRES A LA VILLE DE LYON.

COMPARAISON

DES DIVERS SYSTÈMES PROPOSÉS

POUR

FOURNIR DES EAUX

A LA VILLE DE LYON.

Parmi les nombreuses questions d'améliorations qui occupent en ce moment la pensée des autorités de notre ville, la plus importante de toutes, sous le double rapport de l'agrément et de l'utilité, est, sans contredit, celle qui a pour objet de fournir à la population les eaux dont elle a besoin.

Des hommes, d'une incontestable capacité, ont appliqué leurs recherches et leur savoir à la solution du problème qui consiste à procurer à notre ville une quantité d'eau assez considérable et assez pure pour suffire, non-seulement à la consommation des ménages, mais encore au service des différentes branches de notre industrie, à la propreté intérieure des habitations, au lavage des rues, à l'embellissement des places, et enfin à tous les usages qui intéressent l'hygiène publique dans une cité populeuse et industrielle. Mais c'est précisément dans la multiplicité de ces emplois, jointe au niveau si inégal des différents quartiers de la ville, qu'ils ont trouvé des obstacles difficiles à surmonter. On doit craindre, en effet, de se voir entraîné à des dépenses énormes ou de rester misérablement au-dessous de la tâche qu'on s'est imposée, en face des ruines de ces beaux monuments qui amenaient tant d'eau jusque dans les quartiers les plus élevés de l'antique *Lugdunum*.

Toutefois, les projets qu'ils ont mis au jour et les discussions vives et intéressées auxquelles ils ont donné lieu, ont servi à constater que Lyon, mieux que toute autre ville, a tous les moyens de se procurer de l'eau, et qu'il ne lui reste que l'embarras du choix. Pour avoir 9,000,000 de litres d'eau à distribuer à leurs habitants ; bien des villes s'estimeraient heureuses de pouvoir disposer de l'un des moyens que l'on peut employer ici avec succès. Paris nous envie les sources élevées de nos coteaux, le bas prix du combustible pour les machines à vapeur et les puissants moteurs hydrauliques dont notre ville peut disposer, car Lyon peut établir, à son gré, des aqueducs pareils à ceux de Rome, des pompes à feu comme à Paris et à Londres, ou des roues mises en mouvement par les deux fleuves et qui donneront de plus beaux résultats que ceux que l'on obtient à Toulouse et à Philadelphie, si l'on sait bien profiter de la position.

Tous ces moyens sont d'une application possible, mais tous ne sont pas d'une égale utilité; tous, surtout, ne présentent pas les mêmes avantages sous le point de vue de la dépense. Il est donc nécessaire de les comparer avec impartialité et avec justesse pour se prononcer, en connaissance de cause, sur le système qu'il convient de préférer.

Nous examinerons donc la question de la fourniture des eaux:

1° Par les pompes à feu ;

2° Par les aqueducs ou dérivation ;

3° Par les moteurs hydrauliques.

Nous exposerons ensuite notre projet, qui comprendra la dérivation des sources du Mont-d'Or et un complément d'eau de la Saône fourni par un moteur hydraulique, et nous démontrerons que ce projet mérite la préférence par les motifs réunis de la quantité et de la qualité des eaux, et de l'économie dans les moyens d'exécution.

FOURNITURE DES EAUX PAR LES POMPES A FEU.

On a dit et écrit beaucoup de choses pour et contre l'emploi des machines à vapeur, dans un système de fourniture d'eaux à une grande ville ; nous nous bornerons à déclarer que la science et la mécanique ont assez fait de progrès, selon nous, pour qu'on puisse espérer d'obtenir par ce moyen de l'eau très-abondante et très convenable pour tous les usages auxquels elle est destinée.

Mais, tout en reconnaissant, en principe, la possibilité d'appliquer les moteurs à vapeur pour ce résultat, nous disons que, dans les détails d'exécution, il y a une foule de conditions qui ne peuvent se réaliser qu'avec des dépenses trop fortes, même à Lyon, où ce système peut s'établir aussi économiquement qu'à Londres, et à moins de frais qu'à Paris, eu égard au prix du combustible dans chacune de ces capitales.

Prouvons ce que nous venons d'avancer. D'après les partisans de ce système, on placerait à Saint-Clair des machines à jeu double de 75 chevaux pour élever, d'une manière régulière et continue, sur le sommet du plateau et au Jardin-des-Plantes, la quantité d'eau demandée, avec l'obligation, toutefois, de diviser la ville en deux zones, haute et basse.

On comprend que les pompes aspirant l'eau du Rhône, doivent être placées en avant de la ville, avant qu'elles n'aient été souillées par les immondices qui proviennent des égoûts et des rues.

On comprend encore qu'il faut les établir à une distance convenable pour se procurer, à moins de frais, le terrain nécessaire à la construction des galeries, et cependant pas trop éloignée pour que les dépenses de conduite en soient trop augmentées.

C'est en avant de l'église de Saint-Clair qu'il convient de placer les machines ; on est d'accord sur ce point. Mais les difficultés les voici :

1° Le parcours des galeries à la ville n'ayant

point assez de longueur, l'eau du fleuve n'aura pas le temps d'y reprendre une température convenable ; elle ne sera jamais aussi fraîche que celle des sources, et si elle n'atteint pas cette qualité, elle ne doit pas être reçue ; 2° on établira un filtrage pareil à celui de Toulouse. C'est déjà un moyen de se débarrasser des *cent quatre-vingts quintaux de boue* qui, sans cette opération préliminaire, monteraient tous les jours au Jardin-des-Plantes et finiraient bientôt par encombrer la ville ; mais le filtrage n'étant pas complet et la disposition du terrain n'étant pas convenable pour le compléter par un filtrage naturel, on sera obligé de recourir à un filtrage artificiel, comme on le pratique à Paris pour l'eau de la Seine. Alors on augmentera la dépense annuelle à tel point qu'on verra s'absorber, et au-delà, l'économie qu'on aura faite sur l'emploi du capital (1).

Cette dépense annuelle ne sera pas moindre de *deux cent mille francs ;* et, pour cette somme, vous n'aurez que de l'eau à une température irrégulière et insuffisante ; et, cette eau, vous ne l'élèverez qu'aux bassins de chasse de la Croix-Rousse et du Jardin-des-Plantes, bien au-dessous du niveau de St-Just.

Il ne reste, à ce système, qu'un avantage in-

(1) Le filtrage Souchon revient à 10 cent. les 1000 litres ; et le filtre Maréchal à 18 cent., c'est-à-dire, 1620 fr. par jour pour Lyon.

contestable, celui de pouvoir s'établir plus promptement et plus facilement que tout autre.

FOURNITURE DES EAUX PAR LES AQUEDUCS.

Si l'on ne conteste pas la possibilité de procurer à notre ville, en employant de puissants moteurs, toute l'eau que le luxe et l'embellissement peuvent réclamer, on contestera bien moins encore celle d'arriver au même but par la dérivation des sources, quand on examinera les restes de ces gigantesques monuments qui, pendant huit siècles, ont porté des masses d'eau jusque sur le plateau de Fourvières et dont M. Flachéron nous a fait connaître les détails dans un Mémoire qui lui a valu les suffrages de l'Académie de Lyon. Mais il est certain aussi que les besoins de l'agriculture et de l'industrie, tout comme les frais énormes qu'entraînerait la reconstruction des aqueducs, ne permettent plus de s'attacher à ces moyens, si ce n'est pour l'aqueduc du Mont-d'Or, dont la restauration serait facile, mais qui ne pourrait suffire à la consommation de notre ville.

D'autres moyens de dérivation sont proposés ; examinons-les rapidement.

Nous nous arrêterons peu aux projets d'amener à Lyon les eaux du lac de Nantua et de la rivière d'Ain ; la longueur d'exécution, l'impossibilité de conduire cette masse d'eau à ciel-ouvert en lui donnant une pente assez rapide pour lui conserver sa qualité et sa température, les frais énormes qu'entraînerait la construction de conduits hermétiquement clos, sont des inconvénients assez graves pour qu'on n'ait pas besoin d'en signaler d'autres, et pour que leurs auteurs eux-mêmes aient cru devoir les abandonner. Il n'en est pas de même des cours d'eau qui existent, en assez grand nombre, sur le versant occidental du plateau de la Bresse; et que l'on pourrait, sans nul doute, amener à Lyon, en les réunissant tous dans un canal souterrain qui les conduirait au bassin de la corbeille du Jardin-des-Plantes. Mais combien d'inconvénients capitaux s'attachent à ce mode de fourniture, sans parler même du désavantage qu'il a de ne pouvoir servir que la zône inférieure de la ville si on ne recourt pas à l'emploi des machines à vapeur; ces inconvénients les plus sensibles les voici :

1° L'exécution de ce projet entraînerait des dépenses immenses, même en abandonnant l'établissement d'un tunnel de Neuville à Lyon. En effet, si aux frais de dérivation à fleur de terre, déjà énormes, de Neuville à la Tour de la Belle-Allemande, on joint le prix d'un canal souterrain, ou celui des cornets en fonte, depuis ce même point jusqu'au Jardin-des-Plantes, l'achat des nombreuses usines de Neuville, de Fontaines (1), de Ron-

(1) Fontaines, huit usines.

zier (1), de Royes (2), l'indemnité aux propriétaires des prés qui ont droit à l'eau de ces mêmes sources, de 24 à 42 heures par semaine pendant six mois de l'année, on sera épouvanté de l'énormité des dépenses qu'entraîne l'exécution de ce projet, séduisant au premier abord, mais réellement entouré d'impossibilités.

2° Tous ces ruisseaux ayant un cours assez long avant d'arriver à la rivière, se trouvent divisés entre un grand nombre de propriétaires dont ils arrosent les prés ou font tourner les usines. Si vous les dérivez dans l'intérêt de Lyon, vous perdez les prés, vous détruisez les usines, vous ruinez la population de ces communes, maintenant riches et heureuses par le travail qu'elles trouvent dans ces mêmes établissements, par la fertilité de leurs terres, et par le grand nombre de bestiaux qu'elles entretiennent. De plus, vous ne portez pas seulement préjudice à ces communes, vous atteignez encore indirectement l'industrie générale de Lyon à laquelle sont liés les industries et les intérêts des localités voisines. C'est là ce qui explique l'éloignement que nos autorités ont toujours montré pour ce système.

3° Les chances d'avenir pour l'existence de ces sources sont loin d'être rassurantes. Dans leur état actuel, elles fourniraient à peine les 9,000,000 de

(1) Ronzier, quatre usines.

(2) Royes, une seule usine, mais colossale.

litres demandés ; que ne doit-on pas craindre si elles continuent à diminuer dans la progresion et la régularité avec laquelle il est constant que leur diminution s'est opérée depuis un demi-siècle ? Il est à présumer qu'il existe des causes irrémédiables qui réduiront ces sources à une minime importance dans un temps plus ou moins rapproché. Ce serait une grande erreur que de croire à la permanence de ces sources, et cette erreur deviendrait funeste à la ville qui l'aurait adoptée.

Appliquons à l'examen de cette question les données que la géologie nous offre. Il est admis que les sources n'ont d'autres causes que les infiltrations dans le sol des eaux qui gisent à sa surface ; or, si, pour l'assainissement du pays, ou par le fait d'une culture savante et bien entendue, on dessèche les marais ; si, pour accroître leurs revenus, les propriétaires défrichent leurs forêts, l'eau ne séjournera plus sur le sol, elle coulera avec rapidité et sans s'infiltrer dans les terres labourées qui auront remplacé les bois ; l'infiltration diminuant, les sources diminueront, et par la suite elles tariront.

L'expérience a justifié ces vues théoriques. Les fleuves d'Amérique ont diminué depuis qu'une population active et nombreuse exploite leurs rives, défriche les bois et dessèche les marais qui alimentaient leurs sources. Une autre preuve que les progrès de la culture, occasionnant un écoulement plus rapide des eaux, empêchent les infitrations dans le sol, ce sont les crues de la Saône dont le lit repose sur un terrain généralement horizontal, crues plus promptes et plus fortes à mesure que les développements agricoles amènent les défrichements et les desséchements des marais.

La conséquence de ces faits, c'est que les sources de Neuville et autres, qui tirent leur origine du plateau de la Bresse, d'après l'opinion admise sans contestation, devront être influencées directement et inévitablement par les modifications que l'on exécutera à la surface de ce plateau, et alors la suppression des étangs ne pourra manquer de les amoindrir.

M. Dupasquier a bien senti la force de cette objection; car il a essayé d'y répondre dans son apologie des eaux de sources, en disant que le sol des étangs est imperméable et qu'alors leur conservation importe peu à l'existence des sources qui n'en proviennent pas. Cette réponse n'est pas satisfaisante, parce que rien n'est moins démontré que l'imperméabilité du sol de la Bresse. Que ce sol soit peu perméable, on ne le nie pas; mais soutenir qu'il ne le soit pas du tout, c'est soutenir une erreur. Si les propriétaires des étangs ne clavent pas toute la surface, et s'ils ne clavent que la chaussée, ce n'est point parce qu'ils comptent sur l'imperméabilité absolue du sol, mais simplement parce que cette simple opération serait trop coûteuse sur une grande étendue.

D'ailleurs le défrichement des versants des plateaux et la mise en culture de certains terrains abandonnés n'exerceront-ils point d'influence sur les sources ? Il faut s'attendre à ce résultat aujourd'hui que la Bresse entre largement dans la voie des améliorations agricoles.

Quant à l'origine des sources elles-mêmes, d'où viendraient-elles, le plateau n'étant dominé par aucune montagne, si elles n'étaient la suite des infiltrations dans le sol ? Leur état est donc intimement lié à celui du sol de la Bresse, et elles se modifieront dans un rapport exact et constant avec la culture de ce sol fertile qui ne demande que de l'intelligence et des bras pour produire.

Les observations recueillies jusqu'à ce jour confirment tout ce que nous venons de dire.

A Neuville, qui est dominé par une partie du plateau de la Bresse, où l'on ne pratique que la grande culture, les sources ont éprouvé une baisse lente et progressive.

A Fontaines, qui correspond à un marais immense, elles ont diminué d'une manière très-brusque et très-sensible depuis que, par des travaux habilement conduits, on est parvenu à mettre ce marais à sec pendant une partie de l'année.

A Royes, où la position a peu changé, où l'aspect est resté dans les mêmes conditions de culture, les sources n'ont varié que d'une manière presque insensible.

Les observations dont nous venons de parler appartiennent généralement à la famille de M. Rambaud, qui est depuis plus de trente ans locataire ou propriétaire sur le principal de ces cours d'eau qui est à Neuville.

Ainsi, frais énormes, dommages pour les communes, incertitude de la durée des sources, tels sont les graves obstacles que ce projet rencontre.

Après avoir examiné avec impartialité jusqu'à quel point il est possible de fournir de l'eau à la ville au moyen de machines à vapeur et par la dérivation, il nous reste à examiner comment on peut arriver au même but, d'une manière plus ou moins utile, par un ou plusieurs moteurs hydrauliques.

EMPLOI DES MOTEURS HYDRAULIQUES POUR LES FOURNITURES D'EAUX.

Les deux fleuves qui traversent notre ville avec plus ou moins de rapidité sont là pour faire voir qu'il est facile de créer à Lyon ou dans les environs des moteurs hydrauliques assez puissants pour remplir toutes les conditions exigées.

Examinons seulement quels sont les inconvénients et les avantages généraux qui peuvent résulter de leur emploi; puis nous dirons quels sont ces inconvénients et ces avantages pour notre localité en particulier.

Les moteurs hydrauliques sont d'une création et d'un entretien plus économique que les moteurs à vapeur; c'est un point de supériorité incontestable et de la plus haute importance. Ils sont sujets, il est vrai, à varier dans leur force, puisque les cours d'eau varient de volume et de rapidité suivant les saisons ; mais si le minimum de force que nous pourrons créer suffit pour donner le maximum de l'effet que nous voulons obtenir, nous n'aurons point à nous préoccuper de cet inconvénient qui n'en sera plus un.

Les fleuves qui charrient, comme le Rhône, d'immenses quantités de graviers peuvent détruire dix fois dans l'année tous les travaux hydrauliques exécutés sur leurs cours dans un but quelconque. C'est une raison suffisante pour pas s'y exposer. Mais il en est d'autres encore qui achèveront de détruire toute pensée d'établir des moteurs hydrauliques sur ce fleuve pour la fourniture des eaux ; tels sont le chômage par les glaces en hiver ; le chômage par le reflux du courant, si on s'établit trop près du confluent ; les embarras de filtrage et l'insuffisance de la température, si on s'approche trop près de la ville ; les frais des conduits, si on s'en éloigne trop.

La Saône, au contraire, nous présente tous les avantages que nous recherchons, sans mélange des inconvénients que nous redoutons. Son cours, généralement peu rapide, fait croire qu'il n'est pas propre à produire un puissant moteur. C'est là une erreur qu'il est aisé de reconnaître seulement en consultant les plans des ingénieurs qui ont nivelé tout le cours de la rivière. C'est d'ailleurs une simple question de chiffres où la vérification est d'une extrême facilité.

Nous avons la certitude, en employant ce système isolément, de réaliser à Lyon de plus beaux résultats qu'à Toulouse et à Philadelphie. Dans la première de ces villes, l'eau n'est filtrée qu'imparfaitement par un système de galeries disposées à cet effet; dans la seconde, elle n'est filtrée que par le repos dans deux immenses bassins, et elle ne se rafraîchit que dans un parcours de 2,000 mètres, environ, sous le sol, à 1 mètre seulement de profondeur.

A Philadelphie, deux roues hydrauliques et quatorze corps de pompe élèvent à la hauteur convenable une masse d'eau assez considérable pour suffire à la consommation des habitants, au lavage des rues, à l'industrie, et à l'arrosage des façades des maisons pendant les chaleurs de l'été. Avant l'emploi du moteur hydraulique, la machine à vapeur qui faisait le service coûtait *deux cent mille francs* par an. Quelle énorme différence sous le point de vue économique!

C'est donc à l'emploi de ce moyen que nous nous attachons pour compléter la fourniture d'eau nécessaire à la ville de Lyon, fourniture dont nous allons exposer le système dans le chapitre suivant.

PROJET DE FOURNITURE

PAR LA DÉRIVATION DES SOURCES DU MONT-D'OR, COMBINÉE AVEC L'ACTION D'UN MOTEUR HYDRAULIQUE.

La fourniture des eaux nécessaires à la ville de Lyon, par le projet que nous allons proposer, et l'élévation de ces eaux sur le coteau de Fourvières se compose :

1° De l'emploi d'un moteur hydraulique créé sur la Saône, dans une localité où la nature semble avoir tout fait pour en rendre l'établissement facile;

2° De la dérivation, par l'ancien aqueduc du Mont-d'Or, des sources les plus élevées de la rive droite de la Saône.

Les détails d'exécution supposent les sept points suivants :

1° On établira les machines hydrauliques à Couzon, dans un endroit où la chute du fleuve donnera une force *à la fois immense et gratuite* (1);

2° On creusera près de la rivière, dans l'île ou sur la rive, à la portée des machines, un immense puisard ou une longue étendue de galeries (2);

3° Les pompes élèveront de suite l'eau au niveau

(1) M. Dupasquier, *pag.* 141.
(2) M. Dupasquier, *pag.* 133.

des sources de Saint-Romain, par des conduits de 25 centimètres de diamètre.

4° A cette hauteur, on établira un immense bassin que la position permet de construire à peu de frais et qui aura l'avantage d'offrir près de Lyon un filtrage naturel, économique et fixe, quoique organisé sur une grande échelle (1);

5° On réunira aux eaux du bassin les sources des coteaux que leur position élevée permettra d'y conduire, dans le but de compléter et d'assurer la régularité du service;

6° De ce grand bassin les eaux descendront souterrainement et toutes filtrées au bassin de chasse, qui ne sera placé que juste à la hauteur convenable pour accélérer la dérivation sur le coteau de Fourvières;

7° En sortant de ce second bassin, les eaux seront conduites souterrainement jusqu'à Fourvières, soit par l'ancien aqueduc du Mont-d'Or (2), que l'on rétablirait à peu de frais, soit par des conduits en grés, enveloppés de béton, le tout enterré, suivant la localité, de 2 à 3 mètres, *afin que dans ce long parcours sous le sol, les eaux réunies de la rivière et des sources aient le temps d'acquérir la température ambiante et de la ramener ainsi aux conditions de température des eaux de sources* (3).

(1) M. Dupasquier, *pag*. 152.

(2) Voyez le Mémoire de M. Flachéron sur cette partie de la question.

(3) M. Dupasquier, *pag*. 162 et 244.

§ I. *Du moteur hydraulique à établir à Couzon.*

Il y a deux raisons pour établir la machine hydraulique à Couzon ; la première, c'est de prendre le courant où il se trouve, en gênant le moins possible la navigation, et de profiter autant qu'on le peut d'une localité qui semble avoir été créée pour cet usage ; la seconde, c'est d'utiliser le voisinage des montagnes qui permet d'établir à très-peu de frais un immense bassin à filtrer assez élevé pour dériver les eaux filtrées et rafraîchies.

Il existe bien sur la Saône quelques points plus rapprochés de Lyon, où l'on trouverait des courants assez forts pour remplir notre but, comme aux îles de Royes et au port de Collonges ; mais sur ces points, il faut employer plus d'eau, il faut faire plus de dépenses, et on ne trouvera plus d'emplacement convenable pour l'établissement du bassin qui doit réunir les eaux des sources et celles de la rivière. Il y a, au contraire, entre Albingy et Couzon, une série d'îles contiguës, séparées de la rive droite de la Saône par un bras de rivière de 2,800 mètres de long. A l'extrémité inférieure de ce bras, on peut obtenir une chute de 1 mètre 50. Cette chute, avec une prise d'eau de 10 mètres, donne une force de deux cents chevaux, suffisante déjà pour élever toute l'eau que demande la ville à la hauteur de 140 mètres, qui est nécessaire pour dériver ; mais comme les sources du Mont-d'Or peuvent donner 4,000,000 de litres, et qu'elles sont à une hauteur convenable, c'est moitié plus qu'il ne nous en faut.

On objectera que la navigation pourra souffrir du détournement de l'eau qui mettra en voie la machine dont nous avons besoin. La réponse est facile ; car la quantité d'eau détournée est si petite que la navigation ne saurait en souffrir, et dût-elle s'en ressentir légèrement, ce ne serait pas un motif qui pût contrebalancer les intérêts si grands que la ville y trouverait. D'ailleurs, il sera facile d'éluder cet inconvénient, quelque faible qu'il soit, en ne prenant que 5 mètres cubes d'eau pendant le jour, pour en prendre 8 ou 10 pendant la nuit, lorsque la navigation est interrompue. Cette manière d'opérer suffirait à monter, par vingt-quatre heures, 8 ou 10,000,000 de litres, qui, réunis aux 4,000,000 des sources du Mont-d'Or, donneraient un excédant de 5 à 6,000,000 de litres, puisque la ville n'en demande que 8 à 9,000,000.

D'un autre côté, la rivière ne serait privée de ces 10 mètres d'eau que sur un parcours d'environ 1500 mètres, et il serait facile de remédier à cet inconvénient par des travaux de canalisation, concurremment avec ceux que l'administration doit faire exécuter sur ce point.

Mais en employant 5 mètres cubes seulement pour entretenir l'activité du moteur pendant le jour, il est impossible que la navigation élève la moindre réclamation ; et tout le monde en sera convaincu quand on saura que dans l'état actuel des choses et pendant les basses eaux, lorsque la Saône n'a plus que 78 mètres cubes, il en passe à Royes 51 mètres pour la navigation qui en est gênée, il est vrai, mais non pas interrompue. Toutes ces mesures de capacité et de distance ont été relevées sur les plans des ponts et chaussées approuvés par M. Laval, ingénieur en chef chargé des travaux de la Saône. Il reste donc démontré qu'on peut établir, sur ce point, un moteur qui donnera pendant l'été, sans aucun inconvénient, le maximum de force nécessaire.

Démontrons maintenant qu'on peut l'établir à très peu de frais.

Les berges de ces séries d'îles et celles du rivage sont tellement élevées, qu'il reste peu de chose à faire pour les mettre au-dessus des grandes eaux et les rendre insubmersibles. Rien ne serait plus facile que de boucher les rares et étroites ouvertures qui font communiquer ce bras de rivière avec la Saône. On serait seulement obligé de creuser à 5 ou 6 mètres de profondeur, entre la dernière île d'Albigny et celles de Couzon, sur une longueur de 100 mètres et sur une largeur de 15 mètres. A cela se bornerait la dépense un peu forte qu'entraînerait l'établissement de ce canal; et cette dépense serait diminuée de tous les matériaux qu'on y trouverait pour les remblais.

Il est inutile d'insister davantage sur ces détails pour prouver que l'on peut établir à Couzon un

moteur hydraulique de la force de deux cents chevaux, avec plus d'économie qu'on ne pourrait créer un *moteur à vapeur* de même puissance, sans compter la différence d'entretien de ces deux moteurs ; différence si grande, qu'elle suggérait à M. Barillon les paroles suivantes dans son Mémoire sur la dérivation de la rivière d'Ain : « Les mo-
« teurs à la vapeur ont perdu de leurs avantages;
« les charbons sont chers, et si cette hausse se
« maintient, elle causera plus d'un cruel mé-
« compte malgré la baisse survenue dans le prix
« des machines. Les chutes d'eau acquièrent, au
« contraire, une importance toujours croissante.
« Ce moteur, dont l'emploi est aujourd'hui puis-
« samment perfectionné, bien moins coûteux que
« la vapeur, soit par le capital fixe qu'il épargne,
« soit par la moindre dépense annuelle qu'il né-
« cessite, reprend une place distinguée parmi les
« éléments de prospérité industrielle du pays. »

Cette différence d'entretien est si bien constatée, qu'elle fait dire à M. Dupasquier, habile et zélé partisan de la dérivation des sources de Royes, *pag.* 141 : « Vu l'absence d'une force motrice, à
« la fois immense et gratuite, comme celle qui
« résulterait de la chute d'un fleuve, etc. »

§ II. *Du puisard et des galeries.*

On creusera sur le bord de la rivière, à la portée des machines, un vaste puisard, ou une longue étendue de galeries, afin de faire éprouver à l'eau un premier filtrage.

Ces galeries seront couvertes, parallèles à la Saône et creusées de telle sorte que leur fonds soit plus bas que le lit de la rivière. Cette disposition aura pour résultat de fournir aux machines, pour être élevée à la partie supérieure de la vallée de St-Romain, une eau claire, limpide, filtrée, fraîche. Cette assertion n'est point hasardée; chacun a pu et peut encore vérifier que l'eau prise à 7 ou 8 mètres de la rivière et à 4 ou 5 mètres de profondeur, est parfaitement potable. Du reste, l'expérience a consacré le mérite de ces galeries et montré quels heureux résultats on en peut retirer. A Toulouse elles fournissent 4,800,000 litres d'eau très-potable. Seulement, comme le moteur est très-rapproché de la ville, que le parco urs sou terrain est très-borné, et enfin que le château-d'eau, construit artificiellement au-dessus du sol, tend encore à faire monter la température de l'eau, il s'ensuit qu'elle n'a peut-être pas, quant à la fraîcheur, toutes les qualités convenables; mais la faute n'en est pas aux galeries en elles-mêmes; elle tient aux circonstances qui les environnent.

Il est démontré que l'eau de rivière, puisée à une petite distance et à peu de profondeur sous le sol, est claire en tout temps, plus fraîche en été, plus chaude en hiver que celle de cette même rivière; elle est donc très-propre à alimenter une grande ville si la localité est propice et si le terrain dans lequel cette première filtration s'opère ne lui communique point d'éléments nuisibles (1).

Or ces conditions sont exactement remplies sur le point où nous proposons d'établir ces galeries, puisque c'est à une certaine distance de la ville, dans un terrain d'alluvion, au pied d'un coteau, ce qui éloigne la crainte de voir des eaux croupies dans les plaines venir se mêler à celles des filtres. Enfin, l'eau est prise près d'un endroit où la rivière a un grand courant, conformément à la remarque de M. Dupasquier sur son expérience des eaux du Rhône prises au grand cours du fleuve.

L'établissement, si facile et si peu coûteux de ces galeries, aurait au moins l'avantage, si elles ne purifiaient pas entièrement l'eau, de faire disparaître l'étonnante objection élevée contre l'eau de rivière qui porterait, a-t-on dit, des montagnes de boue au Jardin-des-Plantes. D'un autre côté la terre, déposée au moment de l'infiltration dans le sol, n'y séjournerait pas plus qu'aujourd'hui, entraînée par le courant qui n'y laisse aucun dépôt.

§ III. *Élévation de l'eau jusqu'aux sources de St-Romain.*

Les pompes élèveront l'eau de la Saône, au moyen de cornets en fonte, jusqu'à la hauteur des sources de St-Romain, c'est-à-dire, jusqu'à la hau-

(1) M. Dupasquier, *pag.* 150.

teur la plus convenable pour fermer, avec le moins de frais possible, cette vallée élevée ; elles rempliront cet office avec d'autant plus de facilité qu'on disposera d'une force supérieure à celle qui est nécessaire. Si un dérangement quelconque dans les machines vient suspendre leur action et empêcher momentanément la fourniture, le grand réservoir dont nous allons parler suffira pour obvier, par lui seul, à une suspension d'un mois, puisqu'il aura une capacité d'au moins 100,000 mètres cubes. Des machines, situées plus près de Lyon, ne pourraient pas être ainsi suppléées, et comme dans tous les autres systèmes, on ne pourrait éviter l'emploi d'un moteur pour élever l'eau à la Croix-Rousse et à Fourvières, il s'ensuit que tous ces systèmes sont soumis à l'inconvénient du dérangement dans les machines, sans avoir, comme le nôtre, les moyens d'y obvier.

§ IV. *Second filtre, grand réservoir.*

A cette hauteur des sources de St-Romain, on établira un immense bassin que la position permet de creuser à peu de frais, ce qui donnera l'avantage d'établir, près de Lyon, un filtrage naturel et économique, quoique sur une grande échelle. Les eaux filtrées passeront dans un bassin de chasse qui sera encore assez élevé pour permettre la dérivation par l'ancien aqueduc sur le coteau de Fourvières.

Il n'est pas nécessaire d'examiner si l'eau de rivière filtrée est aussi bonne que la meilleure eau de source ; les savants sont d'accord sur ce point. Ce qu'il faut prouver, c'est la possibilité d'établir le filtrage économiquement et sur une grande échelle. Prouvons.

Au moyen d'un mur de 10 mètres de haut, on fermera la vallée de manière à noyer plusieurs hectares de terrain. On enlèvera, du fond du bassin 1,000 à 1,500 mètres cubes de terre, qui seront jetés derrière le mur. Cette opération aura le double avantage d'augmenter la capacité du bassin et de former une chaussée d'une grande solidité.

Pour la construction économique de ce mur, il faut observer que la force dont on peut disposer pour l'élévation de l'eau permet de l'établir dans la partie supérieure de la vallée où la gorge est resserrée ; que la pierre, que l'on paye 70 à 80 fr. la toise à Lyon, coûte beaucoup moins à Couzon et à St-Romain ; qu'enfin on pourra, pour les travaux rapprochés, l'extraire du bassin même, à un prix encore plus faible.

Quant au filtrage, nous disons que l'eau du bassin, bien qu'à peu près limpide, ne le serait pas assez pour satisfaire aux exigences de la population; elle sera donc filtrée une dernière fois dans le bassin. Pour cela, il suffira d'élever, au fond du bassin, des galeries en pierres sèches, recouvertes de 1 à 2 mètres de gravier lavé et mélangé avec du charbon de bois. Après cette dernière filtration, cette eau ne suscitera aucune réclamation, ni quant à la pureté, ni quant à la salubrité.

Sous ce dernier rapport, l'immensité du bassin et le renouvellement continuel de l'eau par les sources du Mont-d'Or et par le jeu des pompes, ne permettent pas de craindre que cette eau puisse s'altérer par son séjour à l'air libre. Au contraire, sa qualité en sera augmentée ; car il est démontré que l'eau exposée à l'air sur une grande surface et avec une grande profondeur se rafraîchit dans ses couches inférieures par l'évaporation des couches supérieures. Les personnes qui douteraient de ce phénomène physique peuvent en vérifier l'exactitude au bassin qui alimente, l'été, le canal de Givors.

Du reste, il faut remarquer que notre bassin se trouvera exposé au nord et à l'abri des vents d'ouest et du midi.

§ V. *Réunion des eaux de la Saône à celles des sources.*

On réunira aux eaux de la Saône élevées dans le grand bassin, celles des sources du même coteau que leur hauteur permettra d'y conduire, afin de compléter et d'assurer, en tout temps, la régularité du service. Il est inutile de discuter les avantages de cette réunion; ils sont évidents. Les sources du Mont-d'Or fournissent des eaux de la qualité la plus parfaite et, avec leur secours, on a moins à craindre le dérangement des moteurs hydrauliques, puisqu'elles pourraient donner à elles seules, pendant une partie de l'année, la moitié de ce que la ville demande. Dans les temps de forte inondation, si l'on a des raisons pour suspendre le jeu des moteurs, les sources, grossies par les pluies, suffiront, et au-delà, à compléter toute la fourniture.

§ VI. *Bassin de chasse.*

De ce grand bassin-filtre les eaux descendront souterrainement et toutes filtrées au bassin de chasse, qui ne sera placé que juste à la hauteur convenable pour accélérer la dérivation sur le plateau de Fourvières.

Que ce bassin de chasse soit établi plus ou moins haut, peu importe, sous le point de vue économique. On pourra, en conséquence, ne le construire que précisément à la hauteur nécessaire pour que la dérivation s'exécute sans entraves et de manière à y conduire beaucoup de sources qui surgissent plus bas que le grand réservoir.

§ VII. *Conduite des eaux à Fourvières.*

En sortant de ce second bassin les eaux seront conduites souterrainement jusqu'à Fourvières, soit par l'ancien aqueduc, que l'on rétablirait à peu de frais, soit, si l'on veut, par des conduits en grès enveloppés de béton ; le tout enterré, suivant la localité, à 2 ou 3 mètres. M. Alexandre Flachéron, dans son important travail sur l'aqueduc du Mont-d'Or, a avancé, sans que personne l'ait contredit, que l'aqueduc pourrait être rétabli à peu de frais, et que, toutes choses égales d'ailleurs, ce serait le meilleur moyen que l'on pût employer. D'un autre côté, la position élevée de notre bassin et des sources, nous permettent d'augmenter la pente et la pression ; nous pourrons dériver par ces mêmes conduits, beaucoup plus d'eau encore que les Romains ne l'avaient fait. A l'appui de cette dernière assertion, on peut consulter le Mémoire de M. Thiaffait sur les eaux de Royes, *pag*. 36 :

« Des tuyaux en fonte de 275 millimètres de « diamètre (soit 9 pouces), amèneront à Lyon, « en 24 heures, les 3,000,000 de litres qu'il est « *probable* que ces sources fourniront ; mais si, « contre toute attente, cette quantité, déjà si con- « sidérable, ne suffisait plus, dans quelques an- « nées, aux besoins des habitants et de l'indus- « trie, ces mêmes tuyaux suffiraient encore pour « amener, au réservoir de distribution, d'autres « sources considérables qui jaillissent dans des » lieux plus éloignés, mais plus élevés, et qui se- « raient amenées dans le réservoir de chasse dont « elles augmenteraient la charge, et par consé- « quent la pression dans les tuyaux ; ce qui pro- « duirait la vitesse de l'écoulement et augmente-

« rait d'autant la quantité d'eau qui arriverait au « réservoir de distribution dans un temps donné. »

D'après M. Flachéron, l'aqueduc a une capacité quadruple de celle des tuyaux de M. Tiaffait. Il n'y a donc pas d'exagération à admettre qu'il pourrait conduire trois fois plus d'eau que ces tuyaux.

Si cependant les assertions de M. Flachéron, auxquelles nous ajoutons une confiance entière, étaient trouvées inexactes, nous suppléerions à l'aqueduc par des cornets en grés, lesquels, enterrés à 2 ou 3 mètres et entourés de béton, résisteront facilement à une pression de quelques mètres de pente. Ils auront sur les cornets en fonte l'avantage de l'économie, de faire couler l'eau plus rapidement tout en diminuant la charge, et de ne pas s'incruster. Si l'on préfère ce mode de dérivation, il sera nécessaire, sur différents points du parcours, d'user de tuyaux juxtaposés d'une capacité moindre, toujours pour éviter ceux en fonte et en plomb.

L'eau des fontaines de l'Hôtel-de-Ville, dans son trajet du Jardin-des-Plantes à la place des Terreaux 1,000 mètres), éprouve une baisse de deux degrés (1). On peut donc présumer, sans exagération, que celle qui aura parcouru la distance de Couzon à Lyon (10,000 mètres) sera suffisamment rafraîchie.

(1) M. Dupasquier; Fontaines de l'Hôtel-de-Ville alimentées par le bassin du Jardin-des-Plantes.

QUALITÉS HYGIÉNIQUES DES EAUX COMBINÉES.

Les eaux de rivière sont considérées à Toulouse (1) comme très-convenables sous le rapport de la salubrité après un filtrage imparfait ; celles de Philadelphie sont employées avec le plus grand succès, après avoir déposé, par leur seul repos dans un bassin, les matières terreuses qu'elles tiennent en suspension. Les eaux de la Saône seront donc dans des conditions meilleures, quand elles auront été filtrées une seconde fois, quand elles seront conduites sous terre sur une longueur de 10,000 mètres, quand enfin elles seront mêlées à une notable quantité d'eau de source réputée excellente depuis des siècles (2) ; et si l'on considère tous ces avantages, on demeurera convaincu qu'elles remplissent toutes les conditions hygiéniques désirables, et que le mode de fourniture que nous proposons est le seul qui puisse donner largement, régulièrement, l'eau nécessaire à notre ville populeuse et industrielle.

(1) M. Dupasquier, *pag.* 244.

(2) M. Thiaffait, *pag.* 20. *Excellence des eaux qui descendent des coteaux sur la rive droite de la Saône.*

M. Flachéron : On peut s'en rapporter aux Romains pour la qualité des eaux.

AVANTAGES RÉSULTANT DE NOTRE PROJET POUR L'INDUSTRIE ET L'INTÉRÊT GÉNÉRAL DE LYON.

Après avoir examiné notre projet sous le point de vue de l'économie et des moyens d'exécution, il convient de l'envisager dans ses rapports avec l'industrie et l'intérêt général de la ville.

Nous avons indiqué les dommages que causerait aux communes de Neuville et de Fontaines la suppression de leurs cours d'eau. Les communes de Saint-Romain et de Couzon n'auront rien à souffrir de pareil de la privation de leurs sources élevées. Il suffira, pour s'en convaincre, de rappeler ce que dit à ce sujet M. Flachéron, dans son Mémoire sur l'aqueduc du Mont-d'Or : « Ces sources sont pres-« que entièrement abandonnées par l'industrie ; « tandis que la culture de la vigne, qui s'étend « tous les jours davantage dans ces communes, « les rend en grande partie inutiles à la terre. »

Cette considération du dommage fait à une ou plusieurs communes n'est point à dédaigner. C'est elle qui détermina d'abord M. Thiaffait en faveur des sources du versant oriental du plateau de la Bresse, et ensuite en faveur de celles de Royes (1).

Aujourd'hui qu'il est bien démontré que l'industrie est une source de richesses, de force et de

(1) M. Thiaffait, *pag.* 25.

puissance; que toutes les intelligences se tournent de ce côté, il est important de lui laisser toutes ses ressources et de lui en créer de nouvelles si c'est possible. Dans le projet que nous présentons, non-seulement nous respectons toutes les puissances hydrauliques qui fonctionnent aux environs de Lyon, mais nous en créons une nouvelle qui ne lèse, ne déshérite personne, et dont la ville pourra disposer de la manière qui lui paraîtra la plus profitable pour le développement de son industrie. Ainsi, toute l'eau destinée aux zones inférieures de la ville, avant d'être versée sur les places publiques ou conduite dans les ateliers, pourra servir de moteur. Et qu'on ne s'y trompe pas, nous n'offrons rien moins qu'une force de cinquante à soixante chevaux dont on peut fixer le revenu à 25 ou 30,000 fr. par an.

Nous ajouterons, pour terminer, qu'au moyen de conduits convenablement disposés dans chaque maison, on pourra dans l'occasion utiliser la chute énorme de l'eau pour éteindre les incendies si fréquents dans notre ville, et qui, la plupart du temps, seraient sans importance si les pompes et les secours pouvaient arriver assez promptement. Quelques hommes, au moyen de ces conduits, pourront, au moment où un incendie se déclare, faire plus d'effet que plusieurs pompes et plusieurs milliers d'individus n'en peuvent obtenir quelques instants plus tard.

RÉSUMÉ.

Nous disons que la dérivation de la rivière d'Ain par un canal à ciel-ouvert, sur la plus grande partie de son cours, entraînerait une dépense trop forte, surtout en raison de la quantité d'eau qui serait fournie. Si l'on voulait l'amener à Lyon par des conduits hermétiquement clos, la dépense deviendrait colossale.

La fourniture par moteur à vapeur est une simple question de chiffres ; nous la croyons onéreuse à la ville pour le présent, sans espoir de voir les charges annuelles diminuer plus tard.

Parmi les anciens aqueducs un seul peut être rétabli ; mais seul, il est insuffisant.

Par la dérivation des sources du versant occidental du plateau de la Bresse, vous n'arriverez à Lyon qu'à une hauteur insuffisante ; ce qui vous expose à tous les inconvénients et à une partie des dépenses des moteurs à vapeur sans en avoir les avantages ; et en outre du dommage que vous portez à l'industrie en général, et aux communes de Neuville et de Fontaines en particulier, il est des causes générales de diminution qui se développent tous les jours davantage, s'attachent intimément à ces sources et doivent finir par les réduire à peu de chose ; d'où il suit qu'on arrive à l'alternative suivante :

Ou ces sources resteront dans leur état actuel,

et alors vous ruinez d'importantes industries sans grands avantages pour la ville ; ou ces sources diminueront, et alors vos dépenses deviennent inutiles.

Cependant on peut faire une exception à ces considérations générales, en faveur du projet qui concerne les eaux de Royes, tel que l'avait compris M. Thiaffait, en 1834. Malheureusement ces sources sont les moins abondantes et les moins élevées. Et si l'administration se décide à résoudre la question d'une manière digne et rationnelle, elle rejettera aussi ce projet.

Quant aux moteurs hydrauliques, le Rhône, que la rapidité de son cours semble désigner au premier abord, présente de nombreux et insurmontables obstacles. Quoi que l'on fasse, il sera toujours impossible de régulariser son cours et d'obvier à ses immenses et continuels transports de graviers. Combien de fois, en effet, ne l'avons-nous pas vu dans Lyon, malgré les quais et les travaux d'art, se jeter tantôt sur une rive, tantôt sur l'autre ; consultez à cet égard les meuniers de Saint-Clair et les compagnies des bateaux à vapeur, qui ont fait de si beaux débarcadères que le fleuve menace d'abandonner d'un jour à l'autre. Perrache aussi avait eu l'idée d'employer le Rhône pour moteur, lorsqu'il endigua la presqu'île ; mais le canal qu'il avait réservé à cet effet exigeait un dragage continuel et si coûteux qu'il y renonça. Serait-il sage de faire la même tentative une seconde fois ?

Ajoutez à cela qu'il n'y a sur les bords de ce fleuve ni montagnes assez élevées, ni sources pour régulariser le service et en assurer la permanence.

Mais en associant heureusement la dérivation et les moteurs hydrauliques en ce qu'ils présentent de plus rationnel, nous pouvons amener des eaux convenables dans tous les quartiers de la ville. La dépense, la puissance du moteur, les difficultés d'exécution peuvent être calculées à l'avance.

La fourniture est régularisée et assurée par la dérivation de sources qui n'ont pas varié depuis dix-huit siècles (1).

Enfin nous ne détruisons aucune industrie ; nous créons, au contraire, au centre de la ville, un moteur puissant d'un revenu net et assuré.

Nous pouvons fournir autant d'eau qu'on en voudra pour satisfaire aux exigences du luxe, de l'industrie, du bien-être de la cité et pour qu'il en reste encore assez à vendre au profit du trésor municipal. Ce sera pour la ville un revenu nouveau qui ne pèsera sur personne et qui donnera une nouvelle impulsion à l'activité de notre ville en la garantissant du ravage des incendies.

(1) M. Flachéron, qui a pu vérifier à Rome ses calculs sur des aqueducs encore en activité, pense que l'aqueduc du Mont-d'Or, d'après sa capacité et sa pente, pourrait fournir 4000,000 de litres. Or, c'est la quantité que fournissent encore aujourd'hui ces mêmes sources.

www.ingramcontent.com/pod-product-compliance
Ingram Content Group UK Ltd.
Pitfield, Milton Keynes, MK11 3LW, UK
UKHW020504230726
13925UKWH00005B/2093